前　言

富含蛋白质和食物纤维，低卡路里。

豆渣正在日渐得到健康瘦身一族的关注。

现在，市面上不仅有鲜豆渣出售，还出现了各种干燥豆渣产品，日常生活中越来越容易买到豆渣，这真令人高兴。

这本书的主题就是使用健康的豆渣做成各种可存放一段时间的甜点。

无论是常温下能存放一星期左右的烤制点心，还是能冷冻存放的冰激凌，每一款都大量采用豆渣原料，让豆渣变为美味健康的甜点。

还有一些在日本不太常见的外国甜点，非常适合以豆渣为原料制作，效果奇佳。本书中也介绍了不少这类甜点食谱，希望您也能从中发现豆渣更广的用途。

美味与乐趣，怀旧与新颖。

如果您发现在朵颐之间也有种种惊喜，如果您能喜欢这些能存放的豆渣甜点，我会非常开心。

铃木理惠子

TSUKURIOKI
OKARA SWEETS

Contents

随时可食用，美味又健康

可冷藏存放 3~4 天的豆渣甜点

冷冻 & 饮品

【本书规则】

1. 烤箱烤制时间为大致参考时间。具体时间因烤箱型号不同各异，请读者根据实际使用的烤箱自行调整设定烤制时间。

2. 书中所述 1 大匙为 15ml，1 小匙为 5ml，1 杯为 200cc。

3. 如无特殊注明，书中所述白砂糖均为普通白糖，但也可以三温糖等代替。

4. 书中食谱所用的豆渣，指的是市售的、以容器密封、需冷藏存放的豆渣。

5. 书中所述豆渣粉，系市售以密封包装销售的豆渣粉。

6. 鲜豆渣的含水量各异，虽然有的食谱中并未要求脱水，但希望读者能根据实际需要，用微波炉加热等方式脱去必要的水分。

7. 豆渣粉的粗细程度各异，本书中均使用普通型，读者可根据个人喜好使用超细型。

8. 本书中注明的存放期均为参考值。根据读者实际使用的器具、操作环境、存放容器的卫生状态、存放场所的温度或湿度等的不同，存放期也会存在差异。请读者仔细确认实际的存放条件，妥善决定何时食用。

9. 厨房是潜在多种危险的地方，在制作过程中，读者应充分注意安全，避免割伤或烧烫伤。

【免责事项】

我们希望本书食谱万无一失，但作者及本书发行单位对读者在实际操作中万一出现的受伤、烫伤、机器破损、其他受损等概不负责任。

豆渣详解

　　大豆加水煮软，压成泥，即成豆汁。将豆汁榨干，所得液体部分为豆浆，剩下的就是豆渣。"渣"字的本意是榨去水分之后的剩余之物，在日语中，渣的发音为"OKARA"，其中，"KARA"与"空"字同音，为了避讳这一发音，人们会用"卯之花""雪花菜"等别名来称呼豆渣。

　　从营养价值方面看，豆渣里含大量蛋白质和钙，并富含不饱和脂肪酸亚油酸和卵磷脂，食物纤维含量高且卡路里低，是优质的健康食品。但由于豆渣具有"被榨干的残渣"的负面印象，而且存在着容易变质的特点，因此在很长的时间里，都未能成为人气食材。不过，近年来，随着人们越来越重视健康，营养丰富且健康的豆渣正在日渐受到人们的关注。

　　如今，容易变质的鲜豆渣，在卫生管理十分严格的工厂里被制成真空包装产品，在冷藏条件下保质期长达一星期以上；而且还有保质期更长的豆渣粉，在网上就能轻松买到，有精细型，也有保留了豆渣纤维感的粗粒型。

豆渣的分类

本书中所用豆渣大致分为两类，即"鲜豆渣"和"豆渣粉"。

鲜豆渣

鲜豆渣因含较多水分而呈湿润性状，且保留着大豆皮纤维。在日本的食品成分表中，含水量 80%~83% 的鲜豆渣被标记为"传统制法"，含水量 76% 左右的被标记为"新制法"。鲜豆渣冷藏存放保质期不到一天，但如果将其分为小份冷冻存放，保质期可达两个星期。冷冻存放的鲜豆渣，使用前用烤箱加热化开即可。

市售鲜豆渣的含水量以及纤维颗粒的大小各不相同，所以，即使本书的"制作方法"中没有明确提到，我也建议读者在实际操作中，对含水量较多的鲜豆渣以微波炉加热等方法进行脱水处理，或在购买时挑选纤维较为细碎的。

鲜豆渣适合制作质地湿润的蛋糕等甜点。

鲜豆渣

豆渣粉

豆渣粉

市售豆渣粉的商品名有"干燥豆渣""干豆渣"等，其优势是便于存放，亦能在常温下长期存放。不过，虽说兑水即可当作鲜豆渣使用，但与真正的鲜豆渣相比，"水发"豆渣缺少鲜豆渣的香气和甘甜，口感接近土豆泥。豆渣粉分类很多，从超精细型到保留了纤维原状的特粗型，应有尽有。如果不愿在成品中留有太多豆渣的痕迹，建议选择精细型。

豆渣粉适合制作的甜点是口感脆脆的烤制点心或蛋挞皮等，可以与低筋粉混合使用。制作红豆汤团、奶昔等甜点时，颗粒精细、豆渣气味清淡的豆渣粉也比鲜豆渣更适合。

存放豆渣甜点的窍门

1. 鲜豆渣极易变质，购买时要尽可能买新鲜的，制作点心时要注意环境的卫生。其他食材也尽量选用新鲜的。

2. 豆渣粉吸湿后容易变质，请务必存放在密封容器中。

3. 曲奇饼、蛋糕类烤好后一定要放凉后再装入干净的容器，也可选择能用于烤箱或直火加热的容器，烤好后直接按适合的温度存放即可，免去重装的麻烦。

4. 除了豆渣之外，白砂糖等材料也对成品是否易于存放有很大影响。如果为了健康而在配方中大幅减少这类材料的用量，可能会导致成品易于变质，请务必多加注意。

适合存放豆渣甜点的几种容器

【玻璃瓶】

　　玻璃瓶适合存放曲奇等烤制点心，应注意瓶盖严密、能密封。外形色彩柔和的玻璃瓶放在餐桌上，本身也是一道迷人的风景。如果用玻璃瓶灌装果酱、糖浆等，应用水煮等办法先行消毒，才更放心。

【搪瓷容器】

　　搪瓷容器可直接用火加热，可入烤箱，还可用电磁炉加热。例如蛋糕，就可以用搪瓷容器烤好，放凉后直接冷藏存放。搪瓷容器热传导性能好，非常适合存放冷冻甜点，而且密封性好、不串味，用于存放香味浓郁的食品也不用担心。市面上有各种能叠放、盖子严密的搪瓷容器，家里不妨备齐一套。

【不锈钢容器】

　　不锈钢容器结实、耐用，可作为烹饪器具，也可用作存放容器，而且不用担心破损、生锈。选购要点是盖子一定要严密。

【耐热玻璃容器】

　　购买时一定要认真确认是否能直接用火加热，以及是否能用于烤箱、微波炉。与搪瓷、不锈钢同样，耐热玻璃容器不仅可用作烹饪器具，也可用作存放容器，而且因为是透明的，一眼能看到容器的内部情况，非常方便。

常温下可存放一星期
的豆渣甜点

以下介绍的曲奇、软糖、太妃糖等，

都是可在干净的密封容器中常温存放一星期左右的甜点。

凡是材料使用鲜豆渣的甜点，一定要注意烤干、烤透。

材料使用了豆渣的点心非常容易吸收水分，因此在存放时

要格外注意防潮，食用时则要注意同时摄入大量水分。

烤花林糖 *

Baked Karinto

最大要领是烤好后继续在烤箱内放置，使其充分干燥。
如果不用黑糖而改用细砂糖，甜味会淡一些。

材料 约40根用量

鲜豆渣	100g
低筋粉	100g
鸡蛋	1个
盐	少许
黑糖	3大匙
水	1大匙

制作方法

① 在深碗中加入鲜豆渣、低筋粉、打好的鸡蛋液、盐。（图 a）

② 充分搅拌，和成面团。

③ 面团揪剂子搓成条形，摆放在铺好烤纸的烤盘上。（图 b）

④ 烤箱预热至180度，烤制30~40分钟，烤好后仍置于烤箱内自然散热，继续干燥。

⑤ 在平底锅中加入黑糖和水，烧至起泡后把④倒下即关火，用铲子翻动挂糖。（图 c）

*外形和口感都很像中国的江米条

麦片曲奇
Oatmeal Cookies

此款曲奇未使用鸡蛋，仅用三温糖*调出浓郁味道，直白朴素。
可加入巧克力碎或坚果碎，也很美味。

 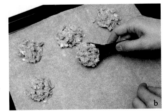 

材料 约10块用量

┌	豆渣粉	30g
│	低筋粉	20g
★	麦片	50g
│	三温糖	40g
└	肉桂粉	1小匙
	融化黄油	80g
	牛奶	2大匙

制作方法

① 把★标材料都放进深碗中，用打蛋器搅拌。

② 在①中加入融化黄油和常温牛奶，用扁匙搅匀，过程中注意避免结成疙瘩，搅匀后呈松散状就好。（图a）

③ 烤盘上铺好烤纸，用汤匙把②挖成一个个丸状，整齐摆放在烤盘上。可根据自身喜好，用手指或匙底将丸状中心压成扁平。（图b）

④ 烤箱预热至170度，烤制25~30分钟至上色。（图c）

⑤ 刚刚烤好的曲奇易碎，不要挪动，原样放在烤盘上，待完全放凉后，装入密封容器，防潮存放。

*三温糖是日本特产，常用于日本料理中，尤其是日式甜点。三温糖是以制造白糖后的糖液所制，因此色泽偏黄，具有浓烈甜味。

红茶曲奇
Tea Cookies

质地柔软、很容易从挤花袋中挤出的蛋糕材料，
烤好之后却是脆脆的。

材料 一烤盘用量，约20块

★ 豆渣粉·····················20g
低筋粉·····················70g
玉米淀粉···················30g
红茶叶·············磨碎 1/2 大匙

鸡蛋···························1 个
色拉油·······················30g
牛奶·························20g
白砂糖·······················45g

制作方法

① 把 ★ 标材料全部放在一起搅拌。（图 a）

② 把鸡蛋、色拉油、牛奶、白砂糖放入深碗充分搅匀，把①加入其中，大致搅拌，过程中注意不要结块。

③ 把挤花袋的边套在较高的玻璃杯等器皿上，把②倒入其中。（图 b）

④ 烤盘上铺好烤纸，用挤花袋挤出自己喜欢的形状。（图 c）

⑤ 烤箱预热至170度，烤制20分钟。大致放凉后取出，放在铁网等上待其彻底放凉后，防潮存放。

花生太妃
Peanuts Tuffee

根本感觉不到材料里有豆渣的甜点。
焦糖和花生搭配在一起，甘甜与浓郁值得期待。

材料 8-10 个用量

豆渣粉····································· 20g
花生、其他各种坚果············· 共 50g
白砂糖································· 120g
炼乳····································· 4 大匙
水······································· 6 大匙
无盐黄油····························· 70g

制作方法

1 花生和坚果粗切，与豆渣粉混合。

2 锅中加入白砂糖、炼乳、水、黄油，中火加热，同时搅拌，直至黄油和白砂糖完全溶解。（图 a）

3 继续以小火加热至材料呈焦糖色。注意：即使冒泡也不要搅拌，继续加热 10 分钟，过程中注意避免烫伤。待材料整体呈深黄金色、有香气飘出时，以铲子大幅搅拌，过程中注意避免粘锅底。

4 关火。把 1 加入 3 中，迅速搅匀挂色。（图 b）

5 在托盘上铺好烤纸，或薄涂一层油，把 4 摊薄在上，待其放凉。（图 c）

6 在 5 完全凝固之前将其切成适当的小块。待完全凝固后，装入密封容器中，置于干燥凉爽处存放。

巧克力屑饼干
Chocolate Chip Biscotti

切片时很容易碎，注意轻操作。
吃之前可以用烤面包机略烤一下，会更美味。

材料 约20块用量

豆渣粉	100g
低筋粉	150g
烘焙粉	1/2 小匙
白砂糖	50g
盐	少许
寒天粉	1 小匙
鸡蛋	1 个
色拉油	50g
牛奶	50g
巧克力屑	1/3 杯

制作方法

① 把豆渣粉、低筋粉、烘焙粉、盐、寒天粉混合在一起筛匀。（图 a）

② 鸡蛋放至常温后加入白砂糖，用打蛋器打发至有黏稠感。加入色拉油、牛奶，充分搅拌。

③ 在②中加入①和巧克力屑，充分搅匀，至没有干粉，形成面团。用保鲜膜包好，放在冰箱冷藏室内静置30分钟。（图 b）

④ 在烤盘上铺好烤纸，把③放在上面，烤箱预热至170度，烤制30分钟。

⑤ 从烤箱中取出，放至不烫手的温度后，切成1厘米宽的片。把切断面朝上，烤箱预热至180度，烤制10分钟后，翻面再烤制10分钟。（图 c）

⑥ 把出炉饼干放在铁网上散热。完全放凉后，用密封容器装好，防潮存放。

杏仁软糖
Almond Fudge

强烈的甜与挥之不去的咸同时存在，这才是正宗的软糖。
如果使用无盐黄油的话，甜味会较为突出，可根据个人喜好选用。

材料　中号烤盘一次用量

豆渣粉	20g
杏仁粉	30g
杏仁片	20g

★
┌ 白砂糖	50g
│ 无糖炼乳	50cc
│ 炼乳	100g
└ 黄油（有盐）	100g

制作方法

① 把杏仁片和杏仁粉在平底锅里略略干煎，大致散热后与豆渣粉拌匀备用。

② 在耐热容器中加入★标材料，微波炉加热2分钟左右至白砂糖和黄油完全溶解，然后从微波炉中取出，充分搅匀后，再用微波炉加热1.5分钟。（图a）

③ 把①加入②中，迅速搅匀。（图b）

④ 托盘上铺好烤纸，把③倒在上面，平摊开，厚度2厘米左右。（图c）

⑤ 大致放凉后，放入冰箱冷藏室。待完全冷却凝固后，切成适合大小，装入密封容器，防潮存放，也可冷藏、冷冻存放。

格兰诺拉*条
Granola Bars

此款麦片条口感很软，又名"秋微"（Chewy）。
成品比较黏，需用烤纸一个个单独包起存放。

材料 约12个用量

┌ 豆渣粉	20g
★ │ 麦片	70g
└ 个人喜好的干果、坚果	共50g
燕麦	50g
蜂蜜	30g
葡萄籽油	1大匙
棉花糖	50g

制作方法

① 把燕麦用平底锅干煎后，彻底放凉。

② 把★标材料加入①中搅匀。（图a）

③ 把蜂蜜、葡萄籽油、棉花糖一起放入耐热容器中，不加盖，用微波炉高火加热30秒。

④ 把③充分搅匀后，再次不加盖用微波加热30秒，并充分搅匀。

⑤ 把②全部加入④中，迅速整体搅匀。（图b）

⑥ 托盘上铺好烤纸，把⑤倒在上面，摊平。放入冰箱冷藏室内冷却，待其凝固后，切成适当大小。装入密封容器中防潮存放。也可冷藏、冷冻存放。（图c）

* Granola，是麦片的品牌，此处指麦片为原材料制成的条状甜点。

豆粉百力滋

Kinako Sticks

制作本款甜点之前，务必把鲜豆渣中的多余水分除尽。
脱水程度对成品的口感会有影响。

 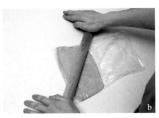 

材料 约 30 根用量

鲜豆渣	100g
低筋粉	80g
豆粉	1 大匙
芝麻碎	1 大匙
蜂蜜	2 大匙
盐	少许

制作方法

① 把鲜豆渣放入耐热容器中，不加盖，用微波炉高火加热 1.5 分钟以去除多余水分，放凉备用。

② 在深碗中加入所有材料，充分搅匀（图 a）

③ 把②加入塑料袋中，隔着塑料袋用擀面杖擀薄。整理成宽 15 厘米的长方形面饼。（图 b）

④ 切开塑料袋的三边，把面饼倒扣在铺好烤纸的烤盘上，去掉塑料袋。

⑤ 把面饼切成 5 毫米的窄条，烤箱预热至 180 度，烤制约 25 分钟。烤好后不要立刻出炉，在烤箱内继续放置可使其更加干燥，待其完全放凉再取出。（图 c）

黑芝麻面包片
Black Sesame Shortbread

黑芝麻和黑芝麻碎是此款甜点必不可少的材料。
咬一口，能感觉到浓香在口中扩散。

材料 约10根用量

豆渣粉	40g
低筋粉	100g
盐	少许
白砂糖	50g
黄油（无盐）	80g
黑芝麻	1 大匙
黑芝麻碎	20g

制作方法

① 黄油在常温下软化，加入白砂糖，用搅拌器充分含气打发。加入黑芝麻碎，继续打发。

② 把豆渣粉、低筋粉、黑芝麻、盐装进塑料袋里，扎好袋口摇匀，使材料含气。

③ 把②加入①中，用扁匙搅拌，过程中注意防止结块。

④ 待③大致成型后，用保鲜膜包裹，放入冰箱静置30分钟。

⑤ 隔着保鲜膜，用擀面杖把④擀成2厘米厚的面饼，去掉保鲜膜，将面饼切成长5厘米的长方形。用叉子在表面戳孔。

⑥ 烤箱预热至160度，烤制约30分钟。

焦糖爆米花
Caramel Popcorn

把熟悉的电影院和主题乐园的味道带回家。

什么？用了豆渣？真的吃不出来。

材料 4 ~ 6人用量

爆米花·······················60g

豆渣粉·······················4大匙

黄油·························30g

三温糖·······················120g

制作方法

1. 把爆米花与豆渣粉混在一起拌匀。

2. 平底锅加热后将黄油化开，加入三温糖。

3. 糖全部化开之后，大幅度搅拌几下，继续用小火加热。

4. 待 3 冒泡且有焦糖香味散发出来时关火，把 1 加入其中迅速搅拌均匀。

5. 把 4 摊在托盘上，置于阴凉通风处散热。

6. 爆米花如果有粘连的，可直接用手将其掰开，并装入密封容器中防潮存放。

* 最好选用清淡的黄油爆米花。

可冷藏存放一星期
的豆渣甜点

经过充分加热的甜点，或使用了砂糖、香辛料等
更易存放的甜点，可在冰箱冷藏室内存放一星期。
由于冰箱温度和冷藏环境也会影响到甜点的状态，
请务必先确认再食用哦。
自然解冻后也可保证美味，
所以，如欲长期存放，建议及早冷冻起来。

柠檬百里香重磅蛋糕
Lemon Tyme Pound Cake

还没出炉，厨房里就已满是好闻的百里香的香味了。

往蛋糕胚上撒百里香时，应注意所有部位均要撒到，不可遗漏。

材料　磅形模具一次用量

鲜豆渣	120g
低筋粉	120g
烘焙粉	1 小匙
白砂糖	80g
橄榄油	80cc
鸡蛋	2 个
柠檬汁	30cc
牛奶	30cc
百里香（干燥）	3 小匙

制作方法

① 把鸡蛋与白砂糖放在深碗中，用搅拌器打发匀至有黏稠感。

② 把橄榄油、鲜豆渣加入①中搅匀，再加入牛奶和柠檬汁。（图 a）

③ 把事先筛匀的低筋粉与烘焙粉加入②中，用扁匙大略搅拌几下，趁着粉状可见时，撒上 2 小匙百里香，搅匀。（图 b）

④ 模具内壁用黄油薄薄地涂抹一层，或用烤纸铺垫好，把③倒入其中。撒上剩下的百里香。（图 c）

⑤ 烤箱预热至 180 度，烤制约 40 分钟。用竹签刺一下，如果竹签上没有粘带，这时就可把蛋糕从烤箱中取出，自然放凉即可。

水果肠
Fruits Salami

又被称为"无花果圆木"，非常适合配葡萄酒，
加入豆渣粉后，健康度也提升了！

材料　直径5cm、长度20cm 成品用量

豆渣粉⋯⋯⋯⋯⋯⋯⋯⋯⋯⋯⋯⋯⋯ 10g
无花果干⋯⋯⋯⋯⋯⋯⋯⋯⋯⋯⋯⋯ 120g
布伦干（去籽）⋯⋯⋯⋯⋯⋯⋯⋯⋯ 100g
核桃⋯⋯⋯⋯⋯⋯⋯⋯⋯⋯⋯⋯⋯⋯ 50g
白兰地⋯⋯⋯⋯⋯⋯⋯⋯⋯⋯⋯⋯ 2 小匙
液体糖或蜂蜜⋯⋯⋯⋯⋯⋯⋯⋯⋯ 2 大匙

制作方法

① 核桃略炒一下，自然放凉。

② 无花果干切成丝，加入布伦干一起切碎，在砧板上拌匀。（图a）

③ 在②上淋液体糖和白兰地，充分搅拌至有黏稠感。

④ 把核桃和豆渣粉加入③中，搅拌成一团。（图b）

⑤ 铺开一张保鲜膜，把④倒在中央，将其卷成圆柱状，两端折起，于冰箱冷藏室内放置2~3小时即可。（图c）

⑥ 可常温下避光防潮存放。也可冷藏、冷冻存放。

蜂蜜蛋糕
Honey Cake

这是一款重磅蛋糕，散发着蜂蜜温和的香味。
在常温下放软后食用，香味更浓。

材料　中型搪瓷容器一次用量

鲜豆渣	50g
低筋粉	70g
烘焙粉	1小匙
黄油（无盐）	60g
鸡蛋	2个
鲜奶油	60g
白砂糖	20g
蜂蜜	20g
开心果	2大匙
○糖浆	
蜂蜜	20g
柠檬汁	2大匙

制作方法

① 把鲜豆渣放入耐热容器内，微波炉高火加热2分钟，以去除多余水分。自然放凉备用。

② 在常温下软化的黄油中加入白砂糖，打发至起泡发白，加入蜂蜜搅拌。

③ 鸡蛋磕开打散，一点点地倒入②中搅匀。再加入鲜奶油，搅匀。

④ 低筋粉与烘焙粉筛匀后，加入③中，大略搅拌。再加入①，用扁匙整体搅拌。（图b）

⑤ 在容器内铺好烤纸，或薄薄地涂一层黄油，把④倒入容器中，上面撒一些粗切的无花果干，烤箱预热至170度，烤制40分钟。用竹签刺一下，没有带出时，即可从烤箱中取出，散热。（图c）

⑥ 把糖浆部分的材料混合好，一点点地淋在⑤上，待其渗入。完全放凉之后，放入有盖容器中，冷藏存放。

香辛红小豆
Spiced Red Beans

因香辛料而散发着异国风情的红豆羹中添加了豆渣。
红小豆与豆渣，吃起来竟然很和谐。

材料 适量

鲜豆渣······························100g
干燥红小豆·························1 杯
水····································2 杯
红葡萄酒···························1 杯
三温糖·····························2/3 杯
肉桂粉·······························少许
丁香粉·······························少许
肉豆蔻粉···························少许

制作方法

① 把干燥红小豆放在深碗中，加入足够的水（材料之外），浸泡一晚。（图 a）

② 把红小豆捞起后，放在锅壁比较厚的搪瓷锅内加水煮。水沸腾后关小火，加盖煮 30 分钟。（图 b）

③ 锅里的水倒掉一半，加入红葡萄酒、三温糖、肉桂粉、丁香粉、肉豆蔻粉，迅速大幅搅拌几下，盖好锅盖，继续用小火煮 30 分钟。（图 c）

④ 红小豆煮软后加入鲜豆渣，整体搅匀。

⑤ 盖好盖子再煮 5 分钟即可。

三王朝圣饼
Galette des Rois

法国传统蛋糕，里面藏着小瓷人，不知道谁是那个抽到它的幸运儿？
如果担心食用的安全性，也可用大颗杏仁代替小瓷人。

材料　15cm 模具一次用量

○杏仁蛋黄酱
鲜豆渣 ·· 30g
杏仁粉 ·· 60g
黄油（无盐） ································· 50g
玉米淀粉 ·· 10g
鸡蛋 ·· 1 个
白砂糖 ·· 60g
朗姆酒 ·· 1 大匙
蛋黄液········· 蛋黄 1 个加少量水打成
的溶液

○蛋糕底
市售冷冻派皮·································· 2 个

○糖浆
白砂糖 ·· 50g
水 ·· 50cc

○小瓷人（可选）

制作方法

① 把常温下软化的黄油打散，加入白砂糖，打发至起泡发白。加入打散的常温鸡蛋，继续搅匀。

② 把杏仁粉、玉米淀粉加入①中搅匀。再加入鲜豆渣和朗姆酒搅匀，即成杏仁蛋黄酱。覆上保鲜膜，置于冰箱冷藏室内。

③ 市售冷冻派皮解冻放软后，放在撒好干面粉的浅盘上，用擀面杖擀成长方形，用模具或盘子倒扣出两个圆形，直径分别为 15 厘米和 17 厘米。

④ 把②装在小号深碗或茶杯中，倒扣在直径 15 厘米的派皮中央。如果有小瓷人，可以埋在下面。在派皮周边用软毛刷涂上蛋黄液。（图 a）

⑤ 把直径 17 厘米的派皮扣在④上，把上下两个派皮捏紧，并注意防止中间蛋黄酱的部分进空气，使派皮保持原形。在派皮表层涂刷蛋黄液，正中央开个孔。用小刀刀背在派皮表面刻花纹，注意不要切透派皮。（图 b、图 c）

⑥ 烤箱预热至 190 度，烤制 40 分钟。把糖浆材料（水和糖）混合起来加热至白砂糖全部溶解。趁蛋糕烤好出炉时把糖浆刷在其表面。如能再刷一层，看起来会更漂亮。

印度甜奶球

Gulab Jamun

号称是"世界上最甜的点心"。
本书中酌情减少了白砂糖的用量，使其甜度适合亚洲人。

材料 约15个用量

鲜豆渣	50g
低筋粉	100g
脱脂牛奶	1/4 杯
烘焙粉	1/2 小匙
鸡蛋	1 个
融化黄油（无盐）	30g

○糖浆

白砂糖	200g
水	200cc
豆蔻粉	1 小匙

制作方法

① 把鸡蛋、脱脂牛奶、融化黄油、鲜豆渣混合起来搅匀。

② 把低筋粉与烘焙粉混在一起筛匀后加入①中，大略搅拌。（图a）

③ 把材料团成直径3厘米左右的丸状，170度热油5~7分钟炸至金黄色。捞起后放在烹饪纸上散热、控油（图b）

④ 在较小的锅里加入白砂糖和水，烧开后沸腾2~3分钟关火。加入豆蔻粉，充分搅匀。

⑤ 把③加入④中搅拌至所有奶球表面都沾满糖浆。

⑥ 把⑤装入清洁密封的容器中自然放凉。不时调整容器放置角度，使糖浆全面渗透。（图c）

荷兰辣味甜饼
Speculaas Cake

把肉桂粉、豆蔻粉、柠檬、丁香调和在一起，
做出独到的荷兰辣味甜饼。

材料 直径 12cm 模具一次用量

鲜豆渣 ·······················1 杯
低筋粉 ·····················100g
烘焙粉 ······················1 小匙
特制香辛料粉 ···············2 小匙
白砂糖 ·····················100g
鸡蛋 ·························2 个
盐 ··························少许

○蛋糕冠

奶酪酱 ·······················50g
黄油（无盐）·················40g
细砂糖 ·······················50g
特制香辛料粉················1 小匙

制作方法

① 把鲜豆渣放入耐热容器中，不加盖，用微波炉加热以去除多余水分，放凉备用。

② 把低筋粉与烘焙粉、特制香辛料粉、盐混合筛匀备用。（图 a）

③ 在深碗中把鸡蛋液与白糖大幅搅拌，加入①后充分搅匀。

④ 把③加入②中，充分搅拌至没有干粉，过程中注意不要结块。（图 b）

⑤ 模具内铺好烤纸或薄涂一层色拉油，把④倒入其中。烤箱预热至 180 度，烤制 40 分钟。出炉放凉时注意采取保湿措施。

⑥ 把蛋糕冠的材料混合、充分搅匀至有水滑感，涂抹在放凉后的⑤上。（图 c）

栗子酱
Chestnut Spread

制栗子粉的时候可根据个人喜好掌握压碎程度。
涂抹在面包或薄脆饼干上，也很美味！

材料 1果酱瓶用量

豆渣粉·························· 15g

甘露煮栗仁················· 120g

加糖炼乳······················ 30g

甘露煮糖浆···············40cc

水···································30cc

朗姆酒······················1 大匙

制作方法

① 把甘露煮栗仁、加糖炼乳、甘露煮糖浆、水、朗姆酒装入耐热容器中，不用加盖，用微波炉高火加热1.5～2分钟。

② 从微波炉中取出，用汤匙或木匙把栗仁压碎。（图a）

③ 把豆渣粉加入①中，使其吸足水分，充分搅匀。（图b）

④ 加盖再次微波炉高火 30~40 秒，再次搅匀。

⑤ 趁热装入清洁密封容器中。（图c）

朗姆葡萄干蛋糕
Rum Raisin Cake

质感丰厚、大人口味的重磅蛋糕。
鲜豆渣使用前应先碾碎，这样做时就不会结块了。

材料　重磅蛋糕模具一次用量

鲜豆渣	50g
低筋粉	50g
烘焙粉	1 小匙
鸡蛋	2 个
白砂糖	80g
脱脂牛奶	30g
牛奶	50g
黄油（无盐）	50g
葡萄干	3~4 大匙
朗姆酒	2 小匙

制作方法

① 用水（材料之外）把葡萄干泡软，拭干表面水分后加入朗姆酒，在冰箱冷藏室内放置一夜。低筋粉与烘焙粉筛匀备用。（图 a）

② 鸡蛋磕开，放至常温后加入白砂糖，用打蛋器打至起泡。

③ 黄油与牛奶混合，微波炉加热 30 秒使黄油融化。加入鲜豆渣和脱脂牛奶，充分搅拌。（图 b）

④ 把②与③混合在一起，加入①中的朗姆葡萄干以及筛匀的面粉，整体搅拌。（图 c）

⑤ 模具内壁薄涂一层黄油，或铺好烤纸，把④倒入其中。烤箱预热至 180 度，烤制 30~40 分钟。用竹签扎一下，没有带出即可出炉。

⑥ 把模具从烤箱中取出，放在铁网等处自然散热。

布伦果酱
Prune Jam

浓郁的布伦果酱中添加了足量的豆渣。
富含食物纤维，能帮助调整肠胃。

材料 制作 1 瓶果酱所需用量

布伦干（去籽）·····················150g
豆渣粉···············15g（4 大匙多一点）
苹果···································1/2 个
★ ┌ 浓煮红茶·······················50cc
　 └ 白兰地·························15cc
白砂糖·····························20~30g
柠檬汁·······························1 大匙
水···································3 大匙

制作方法

① 把★标材料混合，布伦干切小块，浸泡一晚。
② 苹果切成一口大小，与白砂糖、柠檬汁一起放入耐热容器中混合，加盖（或覆膜），微波炉高火加热 1.5 分钟。
③ 把①中的布伦切成碎丁，加入②中，并加入①剩下的白兰地红茶液、水，再次加盖，微波炉高火加热 1.5 分钟。
④ 把豆渣粉加入③中，充分搅拌。
⑤ 趁热装入密封容器，置于冰箱冷藏室存放。

热带风情木斯里
Tropical Museli

可撒在酸奶上食用，也可直接当零食吃，
是一款可轻松制作的健康小食品。

材料（一次制作量）

鲜豆渣……………………………1 杯

椰蓉………………………………1/2 杯

干果（可根据个人喜好选用，例如杏
干、蔓越莓干、葡萄干等）………1 杯

制作方法

① 鲜豆渣先在平底锅内干煎，不停地
搅拌以去除水分，直至其呈松散
状态。

② 在①中加入椰蓉，继续干煎至椰蓉
变成焦黄色后关火。

③ 待②完全放凉后，加入干果搅匀，
装入密封容器中，置于冰箱冷藏室
内存放。

可冷藏存放 3~4 天 的豆渣甜点

本章介绍的是在人气美式甜点和蔬菜甜点中

加入豆渣，使其更健康。

有一种说法：烤制的蛋糕类甜点，

出炉后最好能放置一晚，会更入味、更好吃。

但事实上，新鲜出炉仍然是好吃的秘诀。

退一步说，即便只是为了品尝香辛料的美味，

也应遵守存放期限，及早食用为好。

咖啡蛋糕
Coffee Cake

并非"咖啡味的蛋糕"，在美国，咖啡蛋糕的意思是"适合在喝咖啡时吃的蛋糕"。
此款甜点中的蛋糕冠，搭配在玛芬蛋糕或重磅蛋糕上，也很好吃哦。

材料 中号搪瓷容器一次用量

○蛋糕冠

★ ┌ 鲜豆渣·······················30g
   │ 低筋粉·······················30g
   └ 白砂糖·······················30g

黄油（无盐）·······················25g

肉桂粉···························1 小匙

○蛋糕胚

鲜豆渣·····························50g

低筋粉·····························50g

烘焙粉···························1 小匙

盐·······························少许

黄油（无盐）·······················30g

牛奶·····························30cc

白砂糖·····························50g

鸡蛋·····························2 个

黄油软糖·························6 粒

制作方法

○蛋糕冠

① 把★标材料放在深碗中混合，加入切碎的黄油。用指腹按压并搅匀，撒上肉桂粉。放进冰箱冷藏室内冷却备用。（图 a）

○蛋糕胚

① 把黄油软糖切成颗粒较大的碎块。（图 b）

② 黄油在常温下软化后，加入白砂糖，用打蛋器打发至发白起泡，注意保持含气量。

③ 鸡蛋放至常温后打好，与牛奶一起加入②中，充分搅拌，再加入鲜豆渣和盐，继续搅拌。

④ 低筋粉与烘焙粉筛匀，加入③中，大幅搅拌，过程中注意不要结块。在干粉还未全部消失之时加入切好的黄油软糖再次搅匀。

⑤ 模具内壁薄涂黄油或铺好烤纸，将④倒入。表层均匀地淋上蛋糕冠，烤箱预热至180度烤制30~40分钟。用竹签刺一下，没有带出即可出炉。放在铁网等处自然散热。（图 c）

树莓奶酪蛋糕
Raspberry Cheese Cake

做出漂亮的大理石纹的要诀是不可过度搅拌。
大大地写一个"の"字，就可以送进烤箱了。

材料 中号搪瓷容器一次用量

鲜豆渣	100g
膏状奶酪	200g
鲜奶油	50g
白砂糖	70g
鸡蛋	2个
低筋粉	2大匙
柠檬汁	1大匙
树莓酱	2大匙
白葡萄酒	1小匙

制作方法

① 在深碗中把鸡蛋和白砂糖混合，大幅搅拌。

② 常温下软化的膏状奶酪和鲜奶油一起加入①中，用搅拌器充分搅拌。（图a）

③ 把鲜豆渣、柠檬汁、低筋粉加入②中搅匀。（图b）

④ 把③倒入容器中，把提前混合均匀的树莓酱和白葡萄酒淋在表面。

⑤ 用大号汤匙或叉子大幅搅动，即写一个"の"字。（图c）

⑥ 烤箱预热至170度，烤制30分钟，不出炉，放置15分钟后再取出，大致散热后放入冰箱冷藏室内冷却。

酒糟司康
Sake Lees Scones

因为使用了大量鲜豆渣，所以烤制后不会过分膨胀。
一款健康的司康，奶酪般的浓香在口中扩散。

材料 约8个用量

鲜豆渣	⋯⋯⋯⋯⋯⋯⋯⋯	80g
★ 高筋粉	⋯⋯⋯⋯⋯⋯⋯	120g
烘焙粉	⋯⋯⋯⋯⋯⋯⋯	1 小匙
白砂糖	⋯⋯⋯⋯⋯⋯⋯	2 大匙
盐	⋯⋯⋯⋯⋯⋯⋯⋯⋯	少许
黄油（无盐）	⋯⋯⋯⋯⋯⋯	40g
牛奶	⋯⋯⋯⋯⋯⋯⋯⋯⋯	50g
酒糟	⋯⋯⋯⋯⋯⋯⋯⋯⋯	60g
牛奶（用于上色）	⋯⋯⋯⋯	适量

制作方法

① 把酒糟加入牛奶中，用微波炉加热至化开。

② 把★标材料混合起来筛匀。

③ 把鲜豆渣加入②中，黄油削成碎片陆续加入，用指腹按压搅匀，再加入①，用木匙以切割的动作搅匀。（图a）

④ 把面团擀开成2厘米厚的饼状，对折，再重复两次"擀开对折"的过程，用保鲜膜包好，放在冰箱冷藏室里静置30分钟。（图b）

⑤ 将面团取出，用模具扣出或切成三角形，摆放在铺好烤纸的烤盘上。

⑥ 在表面用软毛刷涂一层牛奶，烤箱预热至190度，烤制约20分钟。（图c）

棒棒蛋糕
Cake Pops

非常适合当作礼物的蛋糕球。
做法简单、健康又好吃，立刻动手做起来吧！

材料 8 个用量

豆渣粉·······················2 大匙
市售喀什特拉蛋糕··············· 70g
炼乳·······················2 大匙
膏状奶酪·····················40g
巧克力············ 55g（巧克力板 1 块）
巧克力浆·····················适量
竹签·······················8 根

制作方法

① 将豆渣粉与炼乳混合搅拌。喀什特拉蛋糕用手搓碎。

② 将膏状奶酪置于常温下使其软化，与①混合，充分搅匀。

③ 把②等分成八份，每份团成一个丸，插上竹签，摆在浅盘上，置冰箱冷藏室内冷却 15 分钟（图 a）

④ 把巧克力板切碎，隔水加热至完全融化。

⑤ 把冷却好的③从冰箱中取出，用手持棒在④中滚几下，使其全部沾上巧克力液。（图 b）

⑥ 根据自己的喜好在巧克力表层外沾上其他外装食材，放在浅杯等容器内，放入冰箱冷藏室内冷却至表面巧克力凝固。（图 c）

＊ 如果没有合适的浅盘，可把用完的铝箔纸外包装壳拿来，剪几个口，把竹签插在上面。

＊ 除喀什特拉蛋糕之外，还可以使用市售的年轮蛋糕或海绵蛋糕。

肉桂卷
Cinnamon Rolls

只要充分揉匀，这款蛋糕的蓬松度就不会因含豆渣而受到影响。
太好吃了！忍不住还要再来一个！

a

b

c

材料 约9个用量

★ 鲜豆渣	80g
高筋粉	200g
脱脂牛奶	1 大匙
盐	少许
干酵母	1 小匙
白砂糖	20g
温水	80cc
鸡蛋	SS~S 号1 个
黄油（无盐）	40g
肉桂糖	2 大匙

○

糖粉	4 大匙
水	1/2 小匙

制作方法

① 用温水把白砂糖化开，加入干酵母，静置发酵 5 分钟。

② 把★标材料在深碗中混合，加入①，和匀。

③ 黄油在常温下软化，鸡蛋磕开，依次加入②中，继续揉和 15 分钟，使其成团。（图 a）

④ 把面团放在深碗中，湿毛巾拧干后盖在碗上以保持湿度，放在暖和的地方发酵 1 小时。

⑤ 在案上撒好干面，将面团取出，擀成长方形，表层撒上肉桂糖。从面饼一端卷起，切成轮状。在模具上铺好烤纸或薄涂一层油，把轮状面团摆放好，再用湿毛巾盖好，继续发酵 30 分钟。（图 b）

⑥ 烤箱预热至 180 度，烤制 20 分钟。同时另把糖粉与水混合好制成糖粉浆备用。待肉桂卷出炉后略散去热度时，在表面淋上糖粉浆即成。（图 d）

克朗伯玛芬蛋糕
Crumbles Muffins

这款甜点的主角是燕麦片和豆渣，饱腹感强。
玛芬蛋糕美味的秘诀是搅拌时千万不要结块。

材料　6 个用量

○克朗伯

燕麦片·······················50g

黄油（无盐）···············20g

白砂糖·······················1 大匙

○玛芬蛋糕胚

★ ┌ 干燥豆渣···············20g
　 │ 低筋粉···················140g
　 └ 烘焙粉···················1 小匙

鸡蛋·····························1 个

白砂糖···························30g

蜂蜜·····························1 大匙

色拉油···························100ml

牛奶或豆浆·····················50ml

制作方法

① 燕麦中如有较大的团，需先将其压碎。把克朗伯材料全部放在深碗中，黄油用指腹碾碎，与燕麦搅匀。置于冰箱冷藏室内冷却。（图 a）

② 把鸡蛋打在深碗里，加入白砂糖大幅搅拌，过程中陆续加入色拉油。（图 b）

③ 在②中加入蜂蜜和牛奶，充分搅匀。

④ 把★标材料提前混合筛匀，加入③中，用扁匙等大幅搅拌，切勿结块。

⑤ 把④等分注入玛芬蛋糕模具中，注意只到八分满即可，上面添满克朗伯。（图 c）

⑥ 烤箱预热至 180 度，烤制 30 分钟。

巧克力蛋糕
Chocolate Cake

加材料、再加材料，然后送进烤箱就成了。
所有材料都应恢复到常温后开始做，这样做出来的蛋糕不容易碎。

材料 　17cm 圆形模具一次用量

鲜豆渣·······························150g
低筋粉·······························100g
纯可可粉·····························1 大匙
烘焙粉·······························1 小匙
白砂糖·······························80g
鸡蛋·································3 个
黄油（无盐）·························80g
脱水酸奶·····························120g
　　（用 220g 无糖酸奶过滤脱水一晚）
黑巧克力·····························55g
白兰地·······························2 小匙

制作方法

① 把 220 克无糖酸奶在滤筛上以咖啡滤纸或烹饪纸过滤一晚脱水。（图 a）

② 把黑巧克力隔水加热至化开，加入白兰地。

③ 低筋粉、可可粉、烘焙粉混合筛匀。

④ 黄油常温下软化，加入白砂糖打发至起泡发白。并逐量加入恢复至常温的鸡蛋液，充分搅匀。

⑤ 按①、②、鲜豆渣的顺序把材料加入④中，充分搅匀。（图 b）

⑥ 把材料中的各种粉提前混合筛匀，加入⑤中，搅拌至没有干粉，倒入模具内，烤箱预热至 170 度，烤制 40 分钟。待完全散热后，用茶漏等在表层撒上纯可可粉（材料之外）。（图 c）

红薯羊羹
Sweet Potato Yokan

保留了红薯的口感，吃了感觉好满足。

可根据个人喜好加入肉桂粉或朗姆酒，风味更浓。

材料 约 4 人份用量

鲜豆渣……………………………… 100g
熟红薯（去皮加热）……………… 200g
寒天粉……………………………… 1 小匙
水…………………………………… 330cc
盐…………………………………… 少许
白砂糖……………………………… 2 大匙

制作方法

① 把红薯放在容器内捣碎。（图 a）

② 锅中加水，加入寒天粉和盐搅匀。小火 1 分钟烧开。

③ 把鲜豆渣和白砂糖加入②中，煮至沸腾起泡后继续小火加热 3 分钟。（图 b）

④ 把①加入③中，充分搅匀。

⑤ 关火，倒入容器内，把表层刮平后移入冰箱冷藏室内冷却。装入清洁密封容器内冷藏存放。也可分成小份冷冻存放。

白玉南瓜汁粉 *
Pumpkin Siruko with Dumplings

南瓜汁粉保留了自然的甘甜和浓郁的味道，令人欣喜。
健康的粉团浮起处，色泽诱人，散发活力。

材料　约4人份用量

鲜豆渣	30g
水磨糯米粉	100g
水	110~120cc
南瓜	400g
牛奶或豆浆	200g
鲜奶油	50cc
白砂糖	3大匙
盐	少许
肉桂粉	根据自身喜好适量

制作方法

① 把鲜豆渣、糯米粉、水在深碗中混合搅匀，和到柔软。

② 把①切成丁，搓成粉团。锅内放足够清水（材料之外），烧开后把团子下入。浮起后捞出控水。（图a）

③ 南瓜去皮，切成4厘米见方的块，放在耐热容器内，覆膜后用微波炉加热4分钟左右。

④ 在较深的容器内加入③、牛奶、盐、白砂糖，用搅拌器轻柔搅拌。（图b）

⑤ 在锅中加入④，小火加热。即将沸腾之前加入鲜奶油。（图c）

⑥ 把⑤等分装盘，加入控好水的②，根据个人喜好撒肉桂粉即成。

◇也可把南瓜汁粉放在搪瓷容器中冷藏存放，而煮好的粉团则装在密封轨道袋中冷冻存放。吃的时候，用开水把粉团煮软即可。

* 日本特有的糯米汤甜点。

胡萝卜哈尔瓦
Gajar Halwa

小豆蔻的香味浓郁，是印度及周边国家的人气热甜点。
使用大量胡萝卜和豆渣，非常健康！

材料 约 3 人份用量

鲜豆渣·······························50g
胡萝卜······························150g
牛奶······························200cc
白砂糖······························2 大匙
炼乳······························1 大匙
黄油（无盐）·······················1 大匙
小豆蔻······························3 粒
葡萄酒、腰果·······················各适量

制作方法

① 小豆蔻剥去外壳，切碎备用。腰果略炒，切碎备用。

② 胡萝卜去皮、擦成末，与鲜豆渣拌匀。（图 a）

③ 平底锅烧热，化开黄油，下入②，中火翻炒 5 分钟。（图 b）

④ 待③中所含水分基本炒干之后，加入常温牛奶和小豆蔻碎，不加盖，小火加热约 10 分钟，不时翻动以免糊锅。（图 c）

⑤ 待④炒成糊状时，加入白砂糖和炼乳，小火加热搅拌 3 分钟左右。

⑥ 移入容器中，表层撒葡萄干和腰果碎。冷藏冷冻存放均可。

波波恰恰
Bo Bo Cha Cha

源于新加坡的甜点，语义"乱拌"。
通常都吃热的，但也有浇在刨冰上吃的。

材料 2~3 人份用量

豆渣粉	30g
椰奶	300cc
牛奶或豆浆	100cc
白砂糖	4 大匙
红薯	小号 1 个
小粒"珍珠"	1/4 杯
黑"珍珠"	1~2 大匙
黑蜜	4 小匙

制作方法

① 把两种"珍珠"提前用大量水（材料之外）浸泡 6 小时以上，用筛网控水。小锅内加水（材料外）烧开，加入黑"珍珠"煮 5 分钟，再加入小粒"珍珠"继续煮 3 分钟，关火。放置 3 分钟后捞出，放在筛网上用冷水冲淋。

② 红薯煮熟后切成丁。

③ 在锅里加入椰奶、牛奶、豆渣粉、白砂糖，小火加热至白砂糖全部溶解。

④ 把大小"珍珠"和②等分到容器内，浇入③，淋黑蜜上桌。

三奶蛋糕
Tres Leche

以三种牛奶混合制成的点心酱，充分渗入蛋糕胚中。
味道甘甜、怀旧，是巴西的人气甜点。

材料 小号搪瓷容器一次用量

鲜豆渣	80g
低筋粉	70g
烘焙粉	1 小匙
鸡蛋	3 个
白砂糖	50g
融化黄油	30g
★ 炼乳	40g
无糖炼乳	50cc
牛奶	30cc

制作方法

① 把鲜豆渣放在耐热容器中，用微波炉高火加热 3 分钟，去除多余的水分后放凉。

② 鸡蛋磕开，加入白砂糖，隔水加热的同时充分打发至起泡。

③ 低筋粉、烘焙粉提前筛匀，加入②中，随后加入①，大略搅拌。加入融化黄油，迅速搅匀。

④ 容器内铺好烤纸或薄涂黄油，把③倒入，烤箱预热至170度，烤制约30分钟。用竹签刺一下，没有带出时就可以出炉，散热。

⑤ 把★标材料全部混合，用汤匙等滴淋在蛋糕表层，待其逐渐全部渗入蛋糕之后，装入带盖容器存放，置于冰箱冷藏室内，至少冷却半天后食用。

PART 4

TSUKURIOKI OKARA SWEETS

冷冻 & 饮品

半解冻状态下口味最佳的冷冻甜点。

吃不出"里面有豆渣"的冰激凌。

奶昔类甜点，让食物纤维摄入更轻松。

无论哪种甜点，冷冻状态下都可存放两周左右。

注意：为了保质，也为确保口感，

所有甜点都应避免解冻之后再次冷冻。

抹茶奶酪蛋糕
Green Tea Cheese Cake

喜欢抹茶又爱奶酪的人，一定不会错过这一款！
膨化饼干中的盐味能起到平衡作用。

材料 中号搪瓷容器一次用量

鲜豆渣⋯⋯⋯⋯⋯⋯⋯⋯⋯⋯⋯⋯⋯80g
少甜味膨化饼干（如"乐之"等）⋯8块
融化黄油⋯⋯⋯⋯⋯⋯⋯⋯⋯⋯⋯1大匙
膏状奶酪⋯⋯⋯⋯⋯⋯⋯⋯⋯⋯⋯⋯50g
无糖酸奶⋯⋯⋯⋯⋯⋯⋯⋯⋯⋯⋯⋯50g
鲜奶油⋯⋯⋯⋯⋯⋯⋯⋯⋯⋯⋯⋯200g
白砂糖⋯⋯⋯⋯⋯⋯⋯⋯⋯⋯⋯⋯1大匙
炼乳⋯⋯⋯⋯⋯⋯⋯⋯⋯⋯⋯⋯⋯⋯80g
抹茶粉⋯⋯⋯⋯⋯⋯⋯⋯⋯⋯⋯⋯1大匙
牛奶⋯⋯⋯⋯⋯⋯⋯⋯⋯⋯⋯⋯⋯2大匙
甜纳豆⋯⋯⋯⋯⋯⋯⋯⋯⋯⋯⋯⋯2大匙

制作方法

① 用平底锅将鲜豆渣炒至蓬松。饼干压碎，与融化黄油充分拌匀。膏状奶酪在常温下放至软化备用。（图a）

② 把①放入存放容器内压实，置于冰箱冷藏室内冷却。

③ 抹茶粉以温牛奶化开。抹茶粉非常易于结块，需不停搅动。加入炼乳搅匀。

④ 常温下软化的膏状奶酪与无糖酸奶混合起来，轻柔搅拌均匀。（图b）

⑤ 鲜奶油中加入白砂糖，充分打发。加入④，搅匀，再加入③，整体搅匀。（图c）

⑥ 把②从冰箱冷藏室内取出，把⑤注入其中，在表层撒甜纳豆。盖好盖子，放入冷冻室内冷冻半天至凝固。

杏味蛋卷
Apricot Roll

海绵蛋糕鸡蛋足量，味道浓郁，
膏状奶酪与杏酱堪称绝配。

材料 1 个蛋卷用量

鲜豆渣……………………… 50g
低筋粉……………………… 30g
蛋黄………………………… 4 个
蛋清………………………… 4 个
白砂糖……………………… 70g
牛奶……………………… 3 大匙
色拉油…………………… 3 大匙
膏状奶酪………………… 100g
鲜奶油…………………… 2 大匙
杏酱……………………… 6 大匙

制作方法

① 鲜豆渣放在耐热容器内，不加盖，微波炉高火加热 1 分钟，以去除多余水分。自然放凉备用。

② 蛋清中加入白砂糖 20 克，充分打发，放入冰箱冷藏室内冷却。（图 a）

③ 在蛋黄中加白砂糖 50 克，打发至蛋液有黏稠感。加入牛奶和色拉油搅匀。

④ 低筋粉取 1/3 加入③中，充分搅匀，再取 1/3 的②加入搅匀。剩余的低筋粉和②仍按此操作，用扁匙大致搅拌，注意尽量保留蛋液中的气泡。（图 b）

⑤ 把④倒入模具中，烤箱预热至 170 度，烤制 15 分钟，留在炉内自然放凉，且可持续干燥。

⑥ 膏状奶酪在常温下放软后，与鲜奶油充分搅匀。在案板上铺好烤纸，把⑤扣在上面，表层抹一层膏状奶酪，再抹一层杏酱，从近端向前用烤纸紧压卷起。外层用保鲜膜再卷一层，放入冰箱冷冻室内。（图 c）

热带风情水果奶昔
Piña Colada Smoothie

一款简洁而健康的水果奶昔，洋溢着热带风情。
椰奶与酸奶的比例可根据个人喜好调整。

材料　2 人份用量

○水果奶昔

鲜豆渣……………………1/2 杯

无糖酸奶…………………1/2 杯

椰奶………………………1 杯

菠萝汁……………………1 杯

菠萝（冷冻果肉）……1 杯（切碎）

香蕉………………………1 根

○装饰

菠萝………………………适量

薄荷叶……………………适量

制作方法

① 把菠萝、香蕉分别切成小块，冷冻备用。（图 a）

② 把其余材料与①全部放入较深的容器内混合，用搅拌器搅拌。（图 b）

③ 把②等分装入杯中，根据喜好用菠萝和薄荷叶装饰。

④ 制成后可直接享用，也可冷冻存放后在半解冻状态下搅拌一下享用。（图 c）

花生黄油香蕉巧克力
Peanut Butter Banana Chocolate

这是一款冷冻蛋糕，鲜豆渣在这里的口感很像是花生。
建议使用比较稀的花生黄油酱。

材料　中号搪瓷容器一次用量

鲜豆渣	50g
黑巧克力	150g
花生黄油酱	1/2 杯
香蕉（全熟）	1 根
鲜奶油	1/2 杯
白砂糖	2 小匙
朗姆酒	2 小匙
炒花生米	切碎 1/4 杯

制作方法

① 黑巧克力掰碎，隔水加热至化开。

② 香蕉压成泥，与花生黄油酱、朗姆酒混合，加入鲜豆渣，充分搅匀。（图 a）

③ 鲜奶油与白砂糖混合，充分打发。

④ 把①加入②中，迅速搅匀。（图 b）

⑤ 把③加入④中，搅拌至色泽均匀。（图 c）

⑥ 容器内铺好烤纸或薄涂一层植物油，把⑤倒入。表层撒花生碎，加盖冷冻 2 小时以上。

蔓越莓白巧特鲁芙
Cranberry White Chocolate Truffle

放置一晚后，朗姆酒愈发入味，味道更佳。
若材料不容易搓成团，也可待凝固后直接取。

材料 10~12个用量

鲜豆渣	30g
膏状奶酪	80g
白巧克力	45~50g（一板）
牛奶	1大匙
脱脂牛奶	1大匙
白砂糖	30g
朗姆酒	2小匙
蔓越莓干	20g
糖粉	适量

制作方法

① 鲜豆渣装入耐热容器中，不加盖，用微波炉高火加热1分钟，自然放凉。（图a）

② 膏状奶酪放置至常温后用微波炉略加热，使其软化。蔓越莓干切碎。

③ 把白巧克力掰碎，与牛奶一起装入耐热容器中，微波炉加热30~40秒，充分搅拌至巧克力充分溶解在牛奶中。

④ 把膏状奶酪放在深碗中，用打蛋器打细，加入白砂糖、脱脂牛奶、①、朗姆酒，搅匀。（图b）

⑤ 把③及时加入④中，再加入蔓越莓干，搅匀。

⑥ 把⑤倒入浅盘中摊平，覆保鲜膜，放入冷冻室内，待其凝固后，等分并搓成团。放置一晚。食用前根据喜好撒糖粉。（图c）

冷冻提拉米苏
Frozen Tiramisu

推荐吃法：略微解冻后，加入豆渣饼干拌着吃。

马斯卡彭奶酪中如果掺入一半膏状奶酪，味道更浓郁。

材料　中号搪瓷容器一次用量

马斯卡彭奶酪·························· 100g

白砂糖·································· 50g

柠檬汁·································· 1大匙

鲜奶油································· 100cc

鲜豆渣·································· 4大匙

饼干碎·································· 4大匙

★ ┌ 速溶咖啡（粉）··············· 1大匙

　　白开水····················· 80cc

　└ 咖啡酒或白兰地··············· 1大匙

可可粉································· 适量

制作方法

① 把★标材料混合起来，鲜豆渣和饼干混合起来充分搅匀。（图a）

② 在鲜奶油中加入白砂糖，充分打发。

③ 马斯卡彭奶酪与柠檬汁混合，加入②，迅速搅拌以免结块。（图b）

④ 把③的一半倒入容器中，把①全部抹在其表层。（图c）

⑤ 把剩下的一半③倒入④中，加盖，冷冻一小时。

⑥ 用茶滤网把可可粉撒在表层，再加盖冷冻至少2小时。

蓝莓奶油蛋糕
Blueberry Cream Cake

海绵蛋糕内因为含有鲜豆渣，即使半解冻也很有型。
解冻后奶油不会流出，则是明胶粉起了作用。

材料　18cm×7cm 模具一次用量

鲜豆渣	40g
低筋粉	50g
烘焙粉	1小匙
白砂糖	70g
鸡蛋	1个
明胶粉	1小匙
水	1大匙
黄油	50g
鲜奶油	150cc
冷冻蓝莓	1杯

制作方法

① 低筋粉与烘焙粉混合筛匀备用。

② 黄油在常温下软化，加入白砂糖40克，搅拌至发白。打入鸡蛋，继续搅拌。

③ 把鲜豆渣和①加入②中搅匀，注意避免结块。（图a）

④ 模具内铺好烤纸，把③倒入，此时模具约四五分满。烤箱预热至160度，烤制约25分钟。自然放凉后取出，横切成两片。

⑤ 用水把明胶粉化开，隔水加热或用微波炉加热至完全溶解。

⑥ 鲜奶油与白砂糖30克混合，打发至八成，加入⑤，迅速搅匀。加入冷冻蓝莓，再次搅匀。（图b）

⑦ 把⑥夹在④中间，保鲜膜包裹后置于冷冻室内冻至凝固。切片，半解冻至解冻状态下享用。（图c）

苹果派奶昔
Apple Pie Milk Shake

苹果与肉桂粉调和而成的"能喝的苹果派"。
如果买不到全麦饼干，也可用黄油派代替。

a

b

c

材料　2 人份用量

○奶昔用

鲜豆渣·······················1/2 杯

苹果（红玉）·················1 个

柠檬汁·······················1 大匙

蜂蜜·························2 大匙

牛奶·························1 杯

香草冰激凌（市售品）·········1 杯

全麦饼干（市售品）···········1 块

肉桂粉·······················1/2 小匙

○装饰用

肉桂粉·······················适量

全麦饼干·····················1/2 块

制作方法

① 苹果削皮切片，与柠檬汁、蜂蜜混合，待入味。

② 覆保鲜膜，微波炉高火加热 2.5 分钟，静置散热。大致放凉后，放入冰箱冷冻室内，至半冷冻状态备用。（图 a）

③ 把剩余材料与②一起装入较深的容器中混合搅拌 10~30 秒。如希望成品中保留较多的苹果口感，搅拌时间就短些；反之，如果希望成品口感更细腻，搅拌时间就长些。（图 b、图 c）

④ 把③等分装入杯中，上面装饰以掰开的全麦饼干和肉桂粉。

⑤ 可冷冻后作为冰激凌享用，也可半解冻状态下搅拌后食用。

玉米冰激凌
Sweet Corn Ice Cream

可根据自己对口感的喜好决定搅拌时间的长度。
在这款冰激凌中能品尝到新鲜玉米那柔和的甘甜。

材料 中号搪瓷容器一次用量

鲜豆渣·······················50g
玉米（熟）···················1 根
鲜奶油·····················150cc
玉米蓉·······················50cc
炼乳·························10g
蛋黄·························2 个
白砂糖·······················30g
肉桂粉·······················1 小匙

制作方法

① 鲜豆渣放在耐热容器中，不加盖，微波加热 1 分钟，静置放凉。
② 用刀背把玉米粒拍开。
③ 把剩下的材料与①、②一起放入较深的容器中，用搅拌器搅拌 2~3 分钟。
④ 把③倒入托盘或搪瓷容器中，放入冰箱冷冻室。2 小时后取出，用汤匙大幅搅拌，让空气进入。冷冻 2 小时后，再次搅拌。

烘焙茶奶昔
Roasted Green Tea Milk Shake

烘焙茶中富含的儿茶素与豆渣中的食物纤维都属健康元素。
温和的口感，和风奶昔。

材料 2 人份用量

豆渣粉·····················15g
烘焙茶茶包·····················3 包
水·····················100cc
无糖炼乳·····················50cc
香草冰激凌（市售品）·············2 杯

制作方法

① 取 2 包烘焙茶加水烧开，在接近沸腾时加入温水和无糖炼乳，制成较浓的烘焙茶奶茶液。放入冰箱冷藏室内冷却。

② 剩下的 1 包烘焙茶，用手指隔着茶包把茶叶捏碎备用。

③ 在较深的容器中加入豆渣粉、①、②、香草冰激凌，用搅拌器等搅拌10 秒左右。

④ 把③等分装杯。

豆渣甜点
——随时享用不发胖的美味

随时可食用，美味又健康

好味豆腐
——低卡甜点开心吃

用豆腐、豆渣、豆浆、
油豆腐做点心

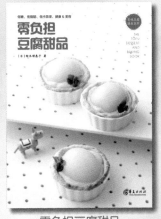

零负担豆腐甜品

低糖、低脂肪、低卡路里、
健康＆美容

餐桌上的调味百科

从调味、制酱到烹调，掌握配方
精髓的完美酱料事典

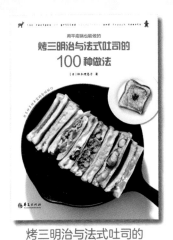

烤三明治与法式吐司的
100 种做法

只需一口平底锅，做法超简单！

我的第一本橄榄油菜谱书

史上第一本特级冷压初榨橄榄油
全烹调料理书

用蜂蜜制作家庭保养品

大自然赐予我们的
家庭医药智慧！

薄荷油的乐趣

前田京子 34 种
可轻松自制的薄荷油配方！